Marco Antonio González Morales

Investigación de Operaciones para la Actividad Docente

Marco Antonio González Morales

Investigación de Operaciones para la Actividad Docente

Vol. II

Editorial Académica Española

Imprint
Any brand names and product names mentioned in this book are subject to trademark, brand or patent protection and are trademarks or registered trademarks of their respective holders. The use of brand names, product names, common names, trade names, product descriptions etc. even without a particular marking in this work is in no way to be construed to mean that such names may be regarded as unrestricted in respect of trademark and brand protection legislation and could thus be used by anyone.

Cover image: www.ingimage.com

Publisher:
Editorial Académica Española
is a trademark of
Dodo Books Indian Ocean Ltd. and OmniScriptum S.R.L publishing group

120 High Road, East Finchley, London, N2 9ED, United Kingdom
Str. Armeneasca 28/1, office 1, Chisinau MD-2012, Republic of Moldova, Europe
Managing Directors: Ieva Konstantinova, Victoria Ursu
info@omniscriptum.com

Printed at: see last page
ISBN: 978-620-2-25404-5

INVESTIGACIÓN DE OPERACIONES PARA LA ACTIVIDAD DOCENTE

VOL. 2

Mtro. Marco Antonio González Morales

marco.gonzalez@academicos.udg.mx

Junio-2022

INVESTIGACIÓN DE OPERACIONES PARA LA ACTIVIDAD DOCENTE

VOL. 2

Marco Antonio González Morales
marco.gonzalez@academicos.udg.mx

INTRODUCCIÓN

El principal objetivo de este material comprendido en tres volúmenes, es contar con una narrativa amigable y digerible para todo aquel colega que empiezan en la maravillosa y enriquecedora carrera docente, impartiendo temas relacionados con la Investigación de Operaciones para el área de ingenierías y/o Métodos Cuantitativos para áreas económicas-administrativas; que de igual manera le sirva al estudiante comprender de una manera más amigable en un lenguaje menos denso en términos técnicos, los temas, conceptos y métodos de la programación lineal.

Es por ello que se hace referencia a cuatro grandes autores de libros enfocados a la Investigación de operaciones y/o Métodos cuantitativos para los negocios, tales como Hamdy A. Taha y Frederick S. Leaberman con autorías sobre la Investigación de Operaciones, y los autores Barry Render y David R. Anderson con sus obras sobre Métodos Cuantitativos para los Negocios, es por ello, que nace este proyecto de tres volúmenes titulados INVESTIGACIÓN DE OPERACIONES PARA LA ACTIVIDAD DOCENTE VOL.1, VOL. 2 y VOL. 3, de los cuales en este segundo volumen se contemplan temas relacionados con los modelos de Transporte y Asignación, en donde se abordan los métodos de Esquina Noroeste, Costo Mínimo y Aproximación Vogel para problemas de transporte, y para problemas de asignación el método Húngaro, agregando una sección de ejercicios relacionados a los métodos para su práctica.

ÍNDICE

MODELOS DE TRASPORTE Y ASIGNACIÓN

DEFINICIÓN DEL PROBLEMA DE TRASPORTE

Un problema de transporte o de distribución se puede definir como la forma en que se distribuyen las ofertas (orígenes) en relación a las demandas (destinos) de mercancía y/o artículos, etc., con el objetivo de optimizar los costos totales por dicha distribución.

El problema de transporte surge con frecuencia en la planeación de la distribución de productos y servicios desde varios sitios de suministro hacia varios sitios de demanda. La cantidad de productos disponibles en cada locación de suministro (origen), por lo general, es limitada, y la cantidad de productos necesarios en cada una de varios sitios de demanda (destinos) es un dato conocido. El objetivo usual en un problema de transporte es minimizar el costo de enviar mercancía desde el origen a sus destinos. (Anderson, 2011)

En un problema de transporte hay **m** orígenes y **n** destinos, cada uno representado por un **nodo**. Los **arcos** representan las rutas que unen los orígenes con los destinos. El arco (i, j) que une el origen i con el destino j transporta dos piezas de información: el costo de transporte por unidad, c_{ij} y la cantidad transportada, x_{ij}. La cantidad de la oferta en el origen i es a_i y la cantidad de la demanda en el destino j es b_j. El objetivo del modelo es minimizar el costo de transporte total al mismo tiempo que se satisfacen las restricciones de la oferta y la demanda. (Taha, 2012).

El problema del transporte o distribución es un problema de redes especial en programación lineal que se funda en la necesidad de llevar unidades de un punto específico llamado fuente u **Origen** hacia otro punto específico llamado **Destino**. Los principales objetivos de un modelo de transporte son la satisfacción de todos los requerimientos establecidos por los destinos y claro está la minimización de los costos relacionados con el plan determinado por las rutas escogidas. Los problemas de transporte y asignación son casos particulares de un grupo más grande de problemas, llamados **problemas de flujo en redes**.

Los modelos de transporte sirven también cuando una empresa intenta decidir dónde localizar una nueva instalación. Antes de abrir un nuevo almacén, fábrica u oficina de ventas, se recomienda considerar varios sitios alternativos. Las buenas decisiones financieras respecto a la localización de instalaciones también intentan minimizar los costos totales de transporte y producción para el sistema completo. (Render, 2012)

En los problemas de transporte se abordan dos tipos de problemáticas de optimización, tales son:

- **Minimizar** el costo de trasporte o de trasporte de un producto o mercancía de una fuente hacia su destino.
- **Minimizar** el costo de trasportar varias mercancías de varias fuentes a varios destinos.

Diagrama General (Red de transporte) del Modelo de Transporte

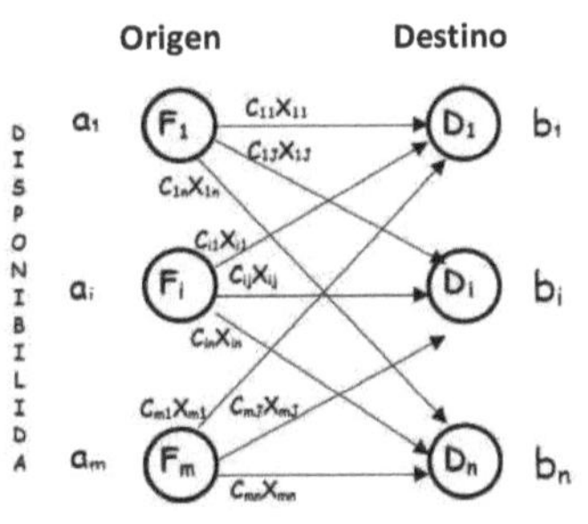

Figura. Red de transporte

Dónde:

X_{11}= Cantidad de productos a trasportar de la fuente 1 a destino 1.

X_{12}= Cantidad de productos a trasportar de la fuente1 a destino 2

X_{mn}= Cantidad de productos a trasportar de la fuente m al destino n.

C_{ij}= Costo unitario (por cada producto o por unidad) de trasportar un artículo de la fuente i al destino j.

Definiciones Generales:

- **NODO**: Es una fuente o destino
- **ARCO**: es la ruta que une a dos nodos de una fuente a un destino
  No. De Arcos = No. De Valores
- **UNIDAD DE TRASPORTE**: Debe ser constante a la oferta de las fuentes y a la demanda de los demás.

Condiciones básicas para la Solución del Modelo:

- El total de unidades de oferta de todas las fuentes debe ser igual al total de unidades de demanda de todos los destinos. A esto se le llama modelo de trasporte balanceado.
- Conocer tanto las ofertas, como las demandas.
- Conocer el costo unitario de trasporte de cada fuente a cada destino, y ese costo debe ser proporcional a la cantidad de unidades trasportadas.

Modelo General de Trasporte Balanceado

Minimiza $Z = \sum_{i=1}^{m} \sum_{j=1}^{n} C_{ij} x_{ij}$

Sujeta a:

$$\sum_{j=1}^{n} x_{ij} \leq a_i$$

$$\sum_{i=1}^{m} x_{ij} \geq b_j$$

$$x_{ij} \geq 0 \text{ y enteros}$$

Como se puede observar, el Modelo de Trasporte es una variante de la Programación lineal, y que su complejidad se multiplica por la cantidad de fuentes y destinos, es decir, si el problema tiene7 fuentes y 8 destinos, el problema tendrá 56 variables de decisión, por lo que en la misma medida se complica la solución por el método Simplex.

El procedimiento de resolución de un modelo de transporte se puede llevar a cabo mediante programación lineal común, sin embargo, su estructura permite la creación de múltiples alternativas de solución tales como la estructura de asignación o los métodos más populares.

Por ello, se usan para este tipo de problemas, que involucran la distribución de la oferta en relación a demanda, 3 métodos que nos ayudarán a tomar una decisión sobre distribución.

Los métodos son: Método Esquina Noroeste (**MEN**), Método Costo Mínimo (**MCM**) y Método de Aproximación de Vogel (**MAV**).

De los cuales, al aplicarlos a un mismo ejercicio, deben cumplir con la siguiente CONDICIÓN entre los resultados obtenidos de los tres métodos.

$$\boxed{\textbf{MEN} \geq \textbf{MCM} \geq \textbf{MAV}}$$

TABLA DE TRANSPORTE

Para poder resolver algunos de los tres métodos, se deberán apoyarse de una tabla de transporte, la cuales son matrices que facilitan la búsqueda de la solución óptima al modelo de transporte, teniendo la siguiente configuración:

		Destino				Oferta
		1	**2**		**n**	
Origen	**1**	C_{11} x_{11}	C_{12} x_{12}	...	C_{n1} x_{n1}	a_1
	2	C_{21} x_{21}	C_{22} x_{22}	...	C_{2n} x_{2n}	a_2
		$\vdots$	$\vdots$	$\ddots$	$\vdots$	$\vdots$
	m	C_{m1} x_{m1}	C_{m2} x_{m2}	...	C_{mn} x_{mn}	a_m
Demanda		b_1	b_2	...	b_n	

Condición de Balanceo: *La suma de todas las ofertas debe ser igual a la suma de todas las demandas. De no existir esa condición, antes de iniciar y proceder a aplicar algún método, se deberá agregar un* **origen o destino Ficticio** *con costos unitarios ceros (0) y con la cantidad de oferta u origen que falte para balancear la matriz de transporte.*

MÉTODO ESQUINA NOROESTE

El **Método Esquina Noroeste** es un método que se aplica a problemas de transporte, el cual permite asegurar que exista una **solución básica factible** inicial, la cual en comparación con otros métodos no garantiza que sea la solución óptima para la distribución, es decir, el Método de Vogel produce la mejor solución básica de inicio y el de la Esquina Noroeste la peor, sin embargo, el Método de la Esquina Noroeste implica el mínimo de cálculos para una toma de decisión respecto a problemas de distribución.

El **Método Esquina Noroeste (MEN)** siempre iniciara en la celda (ruta) correspondiente a la esquina noroeste de toda la Matriz de transporte, la cual está ubicada en la superior izquierda de la tabla (variable x_{11}). A continuación, veremos un ejemplo con la aplicación de los pasos del método. (Render, 2012)

Ejemplo.

Supongamos que tenemos este problema de distribución, en la cual la empresa cuenta con cuatro Centros de Distribución ubicados en Monterrey, Puebla, Querétaro y León, y que deberá cumplir con las demandas de cierto producto (cajas) solicitados por cuatro Puntos de Ventas ubicadas en las ciudades de Torreón, Aguascalientes, San Luis Potosí y Guadalajara. En la siguiente tabla se detalla los costos unitarios (en miles) y las cantidades existentes (ofertas) de cada Centro de distribución para fin de mes, y las solicitudes de productos solicitados (demandas) por los Puntos de Ventas para el siguiente mes.

	Torreón	*Aguascalientes*	*San Luis Potosí*	*Guadalajara*	*OFERTA*
Monterrey	5	2	7	3	45
Puebla	3	6	6	1	35
Querétaro	6	1	2	4	40
León	4	6	6	6	70
DEMANDA	70	40	70	35	

Se pide que se elabore un plan de distribución, en donde se conozca el costo total de las solicitudes mediante el método Esquina Noroeste.

Antes de iniciar debemos construir la Matriz de transporte, la cual queda de la siguiente manera.

		Destino				
		Torreón	Aguascalientes	San Luis Potosí	Guadalajara	Oferta
Origen	Monterrey	5	2	7	3	80
	Puebla	3	6	6	1	30
	Querétaro	6	1	2	4	60
	León	4	3	6	6	45
Demanda		70	40	70	35	

En donde también se confirma que tanto las ofertas como las demandas en sus sumas totales son la misma cantidad (**215 = 215**), lo cual nos indica que esta balanceada la Matriz de Transporte y podemos iniciar con la aplicación del método de transporte (**MEN**).

<table>
<thead>
<tr><th rowspan="2" colspan="2"></th><th colspan="4">Destino</th><th rowspan="2">Oferta</th></tr>
<tr><th>Torreón</th><th>Aguascalientes</th><th>San Luis Potosí</th><th>Guadalajara</th></tr>
</thead>
<tbody>
<tr><td rowspan="4">Origen</td><td>Monterrey</td><td>5</td><td>2</td><td>7</td><td>3</td><td>80</td></tr>
<tr><td>Puebla</td><td>3</td><td>6</td><td>6</td><td>1</td><td>30</td></tr>
<tr><td>Querétaro</td><td>6</td><td>1</td><td>2</td><td>4</td><td>60</td></tr>
<tr><td>León</td><td>4</td><td>3</td><td>6</td><td>6</td><td>45</td></tr>
<tr><td colspan="2">Demanda</td><td>70</td><td>40</td><td>70</td><td>35</td><td>215</td></tr>
</tbody>
</table>

Ahora si procedemos a aplicar el método (**MEN**).

PROCEDIMIENTO DEL MÉTODO ESQUINA NOROESTE

Paso 1: El método inicia en la celda (x_{11}) en sentido de izquierda a derecha del primer reglón, asignando la mayor cantidad posible en base a la existencia de la oferta y la demanda solicitada, una vez asignada la cantidad se procede a ajustar las cantidades asociadas de oferta y demanda restando la cantidad asignada.

Paso 2: Salir del reglón o la columna cuando la oferta o demanda quede en cero (0), y tachar el resto de las opciones (celdas) del reglón o columna que haya quedado en cero (0), para indicar que no se pueden hacer más asignaciones a ese reglón o columna. Si un reglón o una columna dan cero al mismo tiempo, tachar ambos, dejando la oferta en cero en el reglón y demanda (columna) en cero.

Veamos. Se procede asignan 70 de Monterrey a Torreón que corresponde a la celda (x_{11}), lo cual se les restará esa cantidad (70) tanto a la demanda de Torreón la cual quedando en cero (0) unidades y se elimina el resto de columna, y a Monterey al restarle la asignación le faltarían aún quedan en su oferta con 10 unidades.

Con la aplicación de los dos primeros pasos a la matriz de transporte nos queda de la siguiente manera:

	Destino				
	Torreón	**Aguascalientes**	**San Luis Potosí**	**Guadalajara**	**Oferta**
Monterrey	5 *70*	2	7	3	10
Puebla	3 *X*	6	6	1	30
Querétaro	6 *X*	1	2	4	60
León	4 *X*	3	6	6	45
Demanda	0	40	70	35	

Origen (etiqueta de la columna de orígenes)

Paso 3: Si al asignar aun quedará la oferta del primer origen (reglón) se deberá continuar con la celda de la derecha de ese reglón hasta acabarse la oferta del primer origen, terminada dicha oferta se debe pasar al segundo origen y repetir el proceso del Paso 1 en base a las celdas disponibles de izquierda a derecha, y así sucesivamente, hasta terminar en la última celda (x_{mn}) de la Matriz de Transporte.

Se asignan de Monterrey a Aguascalientes 10 unidades, con las cuales ya Monterrey se quedaría si oferta (0).

	Destino				
	Torreón	**Aguascalientes**	**San Luis Potosí**	**Guadalajara**	**Oferta**
Monterrey	5 *70*	2 *10*	7 *X*	3 *X*	0
Puebla	3 *X*	6	6	1	30
Querétaro	6 *X*	1	2	4	60
León	4 *X*	3	6	6	45
Demanda	0	30	70	35	

Se asignan de Puebla a Aguascalientes 30 unidades, con las cuales se cubre la demanda de Aguascalientes y la oferta de Puebla queda en ceros.

		Destino				
		Torreón	Aguascalientes	San Luis Potosí	Guadalajara	Oferta
Origen	Monterrey	5 70	2 10	7 X	3 X	0
	Puebla	3 X	6 30	6 X	1 X	0
	Querétaro	6 X	1 X	2	4	60
	León	4 X	3 X	6	6	45
Demanda		0	0	70	35	

Se asignan de Querétaro a San Luis Potosí 60 unidades, con las cuales se termina la oferta de Querétaro, y faltando por cubrir 10 unidades a San Luis Potosí.

		Destino				
		Torreón	Aguascalientes	San Luis Potosí	Guadalajara	Oferta
Origen	Monterrey	5 70	2 10	7 X	3 X	0
	Puebla	3 X	6 30	6 X	1 X	0
	Querétaro	6 X	1 X	2 60	4 X	0
	León	4 X	3 X	6	6	45
Demanda		0	0	10	35	

Se asignan de León a San Luis Potosí 10 unidades, con las cuales se cubre la demanda de San Luis Potosí, quedando para ofertar de 35 unidades a León.

		Destino				
		Torreón	Aguascalientes	San Luis Potosí	Guadalajara	Oferta
Origen	Monterrey	5 70	2 10	7 X	3 X	0
	Puebla	3 X	6 30	6 X	1 X	0
	Querétaro	6 X	1 X	2 60	4 X	0
	León	4 X	3 X	6 10	6	35
Demanda		0	0	0	35	

Finalmente se asignan de León a Guadalajara 35 unidades, con las cuales se cubre la demanda de Guadalajara, y se termina con la oferta de León.

		Destino				
		Torreón	Aguascalientes	San Luis Potosí	Guadalajara	Oferta
Origen	Monterrey	5 70	2 10	7 X	3 X	0
	Puebla	3 X	6 30	6 X	1 X	0
	Querétaro	6 X	1 X	2 60	4 X	0
	León	4 X	3 X	6 10	6 35	0
Demanda		0	0	0	0	

Quedando el plan de distribución con su costo total de la siguiente manera:

De:	A:	Cantidad enviada	Costo unitario	Costo por envío
Monterrey	Torreón	70	$5	$350
Puebla	Torreón	10	$2	$20
Puebla	Aguascalientes	30	$6	$180
Querétaro	San Luis Potosí	60	$2	$120
León	San Luis Potosí	10	$6	$60
León	Guadalajara	35	$6	$210
Costo total por la distribución:				**$940 mil**

Recordemos que en la redacción del ejercicio se hace mención que los costos unitarios están expresados en miles, dando como resultado final de **$940,000.**[00]

MÉTODO COSTO MÍNIMO (MCM)

Para este método de Costo Mínimo (**MCM**), el procedimiento inicia aplicando el un **primer criterio de asignar el destino (x_{mn}) que contenga el menor valor de costo unitario** de toda la Matriz de Transporte la mayor cantidad de oferta posible, para después hacer la resta de esa asignación tanto a la oferta y demanda, y repetir el procedimiento con las celdas que queden disponibles. Si hubiese empate en este criterio, el **segundo criterio** sería **seleccionar el destino donde se mande la mayor cantidad posible**, ya que el principio de este método es que se aproveche mandar la mayor cantidad posible al menor costo unitario disponible, y de esta manera sacarle provecho de enviar la mayor oferta al menor costo unitario en base a la demanda.

Nota: De seguir el empate en relación a los dos criterios de asignación, que sea el mismo costo unitario y a la misma cantidad a enviar, será entonces indistinto cual destino seleccionar.

Veamos la aplicación en el mismo ejercicio anterior.

PROCEDIMIENTO DEL MÉTODO COSTO MÍNIMO

		Destino				
		Torreón	Aguascalientes	San Luis Potosí	Guadalajara	Oferta
Origen	Monterrey	5	2	7	3	80
	Puebla	3	6	6	1	30
	Querétaro	6	1	2	4	60
	León	4	3	6	6	45
Demanda		70	40	70	35	215

Se inicia aplicando el **primer criterio** seleccionando el costo unitario menor, el cual hay empate ya que de Puebla a Guadalajara y el de Querétaro a Aguascalientes, se cuentan con el mismo costo unitario ($1), entonces se aplica el **segundo criterio** que es seleccionar el destino en el cual se pueda mandar la mayor cantidad, el cual es el de Querétaro a Aguascalientes en el cual se podrá enviar 40 unidades, porque el de Puebla a Guadalajara solo se podría mandar 30 unidades. Por lo que aplicamos la selección asignado 40 unidades de Querétaro a Aguascalientes a un costo unitario de $1, las cuales al restarlos a la oferta de Querétaro aún le quedarían 20 unidades, y al restarlo a la demanda de Aguascalientes tendría cubierta su demanda quedando en cero.

Origen Querétaro-Aguascalientes enviando 40 unidades por el costo unitario de $1.

Origen		Destino				Oferta
		Torreón	**Aguascalientes**	**San Luis Potosí**	**Guadalajara**	
	Monterrey	5	2 _X_	7	3	80
	Puebla	3	6 _X_	6	1	30
	Querétaro	6	1 _40_	2	4	20
	León	4	3 _X_	6	6	45
Demanda		70	0	70	35	215

Se repite el criterio ahora seleccionado el costo unitario menor disponible, el cual ahora corresponde a origen Puebla a destino Guadalajara enviando 30 unidades por el costo unitario de $1.

Origen		Destino				Oferta
		Torreón	**Aguascalientes**	**San Luis Potosí**	**Guadalajara**	
	Monterrey	5	2 _X_	7	3	80
	Puebla	3 _X_	6 _X_	6 _X_	1 _30_	0
	Querétaro	6	1 _40_	2	4	20
	León	4	3 _X_	6	6	45
Demanda		70	0	70	5	215

Origen Querétaro a destino San Luis Potosí enviando 20 unidades por el costo unitario de $2.

Origen		Destino				
		Torreón	**Aguascalientes**	**San Luis Potosí**	**Guadalajara**	**Oferta**
	Monterrey	5	2 *X*	7	3	80
	Puebla	3 *X*	6 *X*	6 *X*	1 *30*	0
	Querétaro	6 *X*	1 *40*	2 *20*	4 *X*	0
	León	4	3 *X*	6	6	45
Demanda		70	0	50	5	215

Origen Monterrey a destino Guadalajara enviando 200 unidades por el costo unitario de $3.

Origen		Destino				
		Torreón	**Aguascalientes**	**San Luis Potosí**	**Guadalajara**	**Oferta**
	Monterrey	5	2 *X*	7	3 *5*	75
	Puebla	3 *X*	6 *X*	6 *X*	1 *30*	0
	Querétaro	6 *X*	1 *40*	2 *20*	4 *X*	0
	León	4	3 *X*	6	6 *X*	45
Demanda		70	0	50	0	215

Origen León a destino Torreón enviando 45 unidades por el costo unitario de $4.

Origen		Destino				
		Torreón	**Aguascalientes**	**San Luis Potosí**	**Guadalajara**	**Oferta**
	Monterrey	5	2 *X*	7	3 *5*	75
	Puebla	3 *X*	6 *X*	6 *X*	1 *30*	0
	Querétaro	6 *X*	1 *40*	2 *20*	4 *X*	0
	León	4 *45*	3 *X*	6 *X*	6 *X*	0
Demanda		25	0	50	0	215

Origen Monterrey al destino Torreón enviando 25 unidades por el costo unitario de $5.

		Destino				
		Torreón	Aguascalientes	San Luis Potosí	Guadalajara	Oferta
Origen	Monterrey	5 25	2 X	7	3 5	50
	Puebla	3 X	6 X	6 X	1 30	0
	Querétaro	6 X	1 40	2 20	4 X	0
	León	4 45	3 X	6 X	6 X	0
Demanda		0	0	50	0	215

Finalmente se asignan del origen de Monterrey al destino de San Luis Potosí 50 unidades a un costo de $7.

		Destino				
		Torreón	Aguascalientes	San Luis Potosí	Guadalajara	Oferta
Origen	Monterrey	5 25	2 X	7 50	3 5	0
	Puebla	3 X	6 X	6 X	1 30	0
	Querétaro	6 X	1 40	2 20	4 X	0
	León	4 45	3 X	6 X	6 X	0
Demanda		0	0	0	0	215

Quedando el plan de distribución con su costo total de la siguiente manera:

De:	A:	Cantidad enviada	Costo unitario	Costo por envío
Monterrey	Torreón	25	$5	$125
Monterrey	San Luis Potosí	50	$7	$350
Monterrey	Guadalajara	5	$3	$15
Puebla	Guadalajara	30	$1	$30
Querétaro	Aguascalientes	40	$1	$40
Querétaro	San Luis Potosí	20	$2	$40
León	Torreón	45	$4	$180
Costo total por la distribución:				**$780**

Recordemos que en la redacción del ejercicio se hace mención que los costos unitarios están expresados en miles, dando como resultado final de **$780,000.**^{00}

Ya con este resultado podemos comprobar la condición de que el Método Esquina Noroeste (**MEN**) será mayor o igual al Método de Costo Mínimo (**MCM**).

$$\textbf{MEN} \geq \textbf{MCM}$$
$$\textit{\$940,000.}^{00} \geq \textit{\$780,000.}^{00}$$

MÉTODO DE APROXIMACIÓN DE VOGEL (MAV)

(Taha, 2012) menciona que el **Método de Aproximación de Vogel** (**MAV**) es una versión mejorada del **Método del Costo Mínimo** (**MCM**) y el **Método de la Esquina Noroeste** (**MEN**) que en general produce mejores **soluciones básicas factibles** de inicio, entendiendo por ello a soluciones básicas factibles que reportan un menor valor en la función objetivo (de minimización) de un **Problema de Transporte** balanceado (suma de la oferta = suma de la demanda). Este método siempre nos arrojara la mejor solución (óptima) de un problema de transporte.

PROCEDIMIENTO DEL MÉTODO DE APROXIMACIÓN DE VOGEL

Paso 1. Para iniciar el método, se deberá realizar una primera ronda de costos de oportunidad, **seleccionando por cada origen** (*reglón*) **los dos costos unitarios menores**, para obtener la **diferencia en valor absoluto** de ambos costos unitarios, para obtener la **penalización** *(costo de oportunidad)* de cada reglón.

Paso 2. Se repite el paso anterior, pero ahora en relación a los **destinos** (*columnas*), **seleccionando por cada columna los dos costos unitarios menores**, para obtener la **diferencia en valor absoluto** de ambos costos unitarios, para obtener la penalización de cada destino.

Paso 3. Una vez **obtenidos todas las penalizaciones** de todos los reglones y todas las columnas, se debe **seleccionar la penalización de mayor diferencia**.

Paso 4. A la **penalización seleccionada** que corresponda al origen o destino, se deberá **escoger el costo unitario** menor que corresponda, para **asignar la mayor cantidad posible** restando las asignaciones a la oferta y demanda, para repetir el **Paso 1** con una segunda ronda de penalizaciones sucesivamente (tercera, cuarta, quinta ronda, etc.), considerando que el origen o destino que sea cero (0) ya no se calcularía la penalización *(costo de oportunidad)*.

Veamos su aplicación al mismo ejercicio que se ha trabajado.

Calcularemos la penalización de todos los orígenes y destinos, seleccionando los dos costos unitarios menores para sacar su valor absoluto.

Por ejemplo, para aplicar el **Paso 21**, el primer reglón que es el origen de Monterrey los dos costos unitarios más pequeños son: 2 de San Luis Potosí y 3 de Guadalajara, y el valor de la penalización será el resultado de la diferencia en valor absoluto de ambos, es decir $| 2 - 3 | = 1$. Y ese valor lo pondremos en la parte de afuera de la Matriz de transporte en relación a Monterrey.

		Destino				
		Torreón	Aguascalientes	San Luis Potosí	Guadalajara	Oferta
1		Monterrey	5	(2)	7	(3)	80
	Origen	Puebla	3	6	6	1	30
		Querétaro	6	1	2	4	60
		León	4	3	6	6	45
	Demanda		70	40	70	35	**215**

Y así calcularemos el resto de los origines y después aplicamos de la misma manera el **Paso 2**, pero en base ahora a las columnas los cuáles son los destinos.

Resultados de la **primera ronda** de penalizaciones.

			1	1	4	2	
			Destino				
			Torreón	Aguascalientes	San Luis Potosí	Guadalajara	Oferta
1		Monterrey	5	2	7	3	80
2	**Origen**	Puebla	3	6	6	1	30
1		Querétaro	6	1	2	4	60
1		León	4	3	6	6	45
	Demanda		70	40	70	35	

El **Paso 3**, consiste en **seleccionar de todas las penalizaciones**, el **valor** que sea **mayor**, del cual en este ejercicio corresponde a la celda del origen Monterrey al destino de San Luis Potosí, el cual cuenta con una penalización de **4**.

			1	1	④	2	
			Destino				
			Torreón	Aguascalientes	San Luis Potosí	Guadalajara	Oferta
1		Monterrey	5	2	7	3	80
2		Puebla	3	6	6	1	30
1	Origen	Querétaro	6	1	②,	4	60
1		León	4	3	6	6	45
	Demanda		70	40	70	35	

A esta celda que corresponde a la penalización del destino de San Luis Potosí, vamos a **seleccionar** de los costos unitarios de ese destino, **el costo unitario menor**, el cual sería el 2, que corresponde del origen Querétaro al destino de San Luis Potosí, en el cual **vamos a asignar la mayor cantidad posible** que en este caso sería asignar 60 unidades, para proceder a **restar tanto a la oferta como la demanda** de esa celda seleccionada, y **eliminar el origen o destino** que su oferta o destino sea de esas restas el **resultado cero (0)**.

			1	1	④	2	
			Destino				
			Torreón	Aguascalientes	San Luis Potosí	Guadalajara	Oferta
1		Monterrey	5	2	7	3	80
2		Puebla	3	6	6	1	30
1	Origen	Querétaro	6 *X*	1 *X*	② *60*	4 *X*	0
1		León	4	3	6	6	45
	Demanda		70	40	10	35	

Y procedemos a repetir el Paso 1, calculando una segunda ronda de penalizaciones, para poder realizar una nueva asignación.

El método termina cuando se haya realizado tantas rondas como asignaciones con la finalidad de distribuir el total de las ofertas y las demandas.

Siguientes rondas de penalizaciones y asignaciones.

Segunda ronda.

		Destino				
		Torreón	Aguascalientes	San Luis Potosí	Guadalajara	Oferta
1 1	Monterrey	5	2	7	3	80
② 2	Puebla	3	6	6	(1)	30
X 1	Querétaro	6 _X_	1 _X_	2 _60_	4 _X_	0
1 1	León	4	3	6	6	45
	Demanda	70	40	10	35	

Penalizaciones (columnas): 1 1 0 ② / 1 1 ④ 2

Resultados.

		Destino				
		Torreón	Aguascalientes	San Luis Potosí	Guadalajara	Oferta
1 1	Monterrey	5	2	7	3	80
② 2	Puebla	3 _X_	6 _X_	6 _X_	(1) _30_	0
X 1	Querétaro	6 _X_	1 _X_	2 _60_	4 _X_	0
1 1	León	4	3	6	6	45
	Demanda	70	40	10	5	

Penalizaciones (columnas): 1 1 0 2 / 1 1 ④ 2

Tercera ronda.

1	1	1	③
1	1	0	2
1	1	④	2

		Destino				
		Torreón	**Aguascalientes**	**San Luis Potosí**	**Guadalajara**	**Oferta**
1 1 1	**Monterrey**	5	2	7	③	80
X ② 2	**Puebla**	3 / X	6 / X	6 / X	1 / **30**	0
X X 1	**Querétaro**	6 / X	1 / X	2 / **60**	4 / X	0
1 1 1	**León**	4	3	6	6	45
	Demanda	70	40	10	5	

Con columna **Origen** abarcando las cuatro filas Monterrey, Puebla, Querétaro y León.

Resultados.

1	1	1	③
1	1	0	2
1	1	④	2

		Destino				
		Torreón	**Aguascalientes**	**San Luis Potosí**	**Guadalajara**	**Oferta**
1 1 1	**Monterrey**	5	2	7	③ / **5**	75
X ② 2	**Puebla**	3 / X	6 / X	6 / X	1 / **30**	0
X X 1	**Querétaro**	6 / X	1 / X	2 / **60**	4 / X	0
1 1 1	**León**	4	3	6	6 / X	45
	Demanda	70	40	10	0	

Con columna **Origen** abarcando las cuatro filas Monterrey, Puebla, Querétaro y León.

Cuarta ronda.

1	1	1	X
1	1	1	③
1	1	0	2
1	1	④	2

③ 1 1 1		Destino				
		Torreón	Aguascalientes	San Luis Potosí	Guadalajara	Oferta
③ 1 1 1	Monterrey	5	②	7	3 5	75
X X ② 2	Puebla	3 X	6 X	6 X	1 30	0
X X X 1	Querétaro	6 X	1 X	2 60	4 X	0
1 1 1 1	León	4	3	6	6 X	45
	Demanda	70	40	10	0	

(Origen: Monterrey, Puebla, Querétaro, León)

Resultados.

1	1	1	X
1	1	1	③
1	1	0	2
1	1	④	2

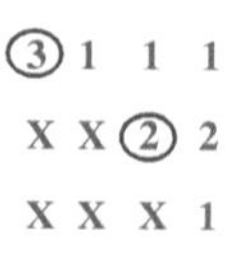

		Destino				
		Torreón	Aguascalientes	San Luis Potosí	Guadalajara	Oferta
③ 1 1 1	Monterrey	5	② 40	7	3 5	35
X X ② 2	Puebla	3 X	6 X	6 X	1 30	0
X X X 1	Querétaro	6 X	1 X	2 60	4 X	0
1 1 1 1	León	4	3 X	6	6 X	45
	Demanda	70	0	10	0	

(Origen: Monterrey, Puebla, Querétaro, León)

Quinta ronda.

1	X	1	X
1	1	1	X
1	1	1	③
1	1	0	2
1	1	④	2

		Destino				
		Torreón	**Aguascalientes**	**San Luis Potosí**	**Guadalajara**	**Oferta**
2 ③ 1 1 1	**Origen**	**Monterrey**	5	2 40	7	3 5	35
X X X ② 2		**Puebla**	3 X	6 X	6 X	1 30	0
X X X X 1		**Querétaro**	6 X	1 X	2 60	4 X	0
② 1 1 1 1		**León**	④ X	3 X	6	6 X	45
		Demanda	70	0	10	0	

Resultados.

1	X	1	X
1	1	1	X
1	1	1	③
1	1	0	2
1	1	④	2

		Destino				
		Torreón	**Aguascalientes**	**San Luis Potosí**	**Guadalajara**	**Oferta**
2 ③ 1 1 1	**Origen**	**Monterrey**	5	2 40	7	3 5	35
X X X ② 2		**Puebla**	3 X	6 X	6 X	1 30	0
X X X X 1		**Querétaro**	6 X	1 X	2 60	4 X	0
② 1 1 1 1		**León**	④ 45	3 X	6 X	6 X	0
		Demanda	25	0	10	0	

Finalmente, al quedar un solo un origen (Monterrey) con dos destinos disponibles (Torreón y San Luis Potosí), se les asignan **25** y **10** unidades respectivamente para que la Matriz de Transporte quede en ceros.

Resultados de las asignaciones finales.

<table>
<tr><td rowspan="2"></td><td rowspan="2"></td><td colspan="4" align="center">Destino</td><td rowspan="2">Oferta</td></tr>
<tr><td>Torreón</td><td>Aguascalientes</td><td>San Luis Potosí</td><td>Guadalajara</td></tr>
<tr><td rowspan="8">Origen</td><td rowspan="2">Monterrey</td><td>5</td><td>2</td><td>7</td><td>3</td><td rowspan="2">0</td></tr>
<tr><td>25</td><td>40</td><td>10</td><td>5</td></tr>
<tr><td rowspan="2">Puebla</td><td>3</td><td>6</td><td>6</td><td>1</td><td rowspan="2">0</td></tr>
<tr><td>X</td><td>X</td><td>X</td><td>30</td></tr>
<tr><td rowspan="2">Querétaro</td><td>6</td><td>1</td><td>2</td><td>4</td><td rowspan="2">0</td></tr>
<tr><td>X</td><td>X</td><td>60</td><td>X</td></tr>
<tr><td rowspan="2">León</td><td>4</td><td>3</td><td>6</td><td>6</td><td rowspan="2">0</td></tr>
<tr><td>45</td><td>X</td><td>X</td><td>X</td></tr>
<tr><td colspan="2" align="center">Demanda</td><td>0</td><td>0</td><td>0</td><td>0</td><td></td></tr>
</table>

Quedando el plan de distribución con su costo total de la siguiente manera:

De:	A:	Cantidad enviada	Costo unitario	Costo por envío
Monterrey	Torreón	25	$5	$125
Monterrey	Aguascalientes	40	$2	$80
Monterrey	San Luis Potosí	10	$7	$70
Monterrey	Guadalajara	5	$3	$15
Puebla	Guadalajara	30	$1	$30
Querétaro	San Luis Potosí	60	$2	$40
León	Torreón	45	$4	$180
Costo total por la distribución:				**$620**

Recordemos que en la redacción del ejercicio se hace mención que los costos unitarios están expresados en miles, dando como resultado final de **$620,000.^{00}**

Ya con este nuevo resultado podemos comprobar la condición de que el Método Esquina Noroeste (**MEN**) será mayor o igual al Método de Costo Mínimo (**MCM**) y a su vez mayor o igual al Método de Aproximación de Vogel (**MAV**).

$$\textbf{MEN} \geq \textbf{MCM} \geq \textbf{MCM}$$
$$\$940,000.^{00} \geq \$780,000.^{00} \geq \$620,000.^{00}$$

Con lo que se comprueba que el **Método de Aproximación de Vogel**, es el método que **nos dará la mejor solución** (*óptima*) para este tipo de problemas.

MÉTODO DE ASIGNACIÓN (MÉTODO HÚNGARO)

Para problemas de asignación, el **Método de Húngaro** es la alternativa para resolver este tipo de problemas, tanto de maximizar como de minimizar, el cual permite minimizar los costos en un problema de optimización basado en la programación lineal. El objetivo del método húngaro es lograr el menor costo de un conjunto de actividades que deben ser realizadas por las personas más adecuadas de acuerdo a datos a analizar, por lo que la relación siempre será de uno a uno la asignación; tales como: actividad-persona, tarea-persona, hombre-máquina, vendedor-cliente, conductor-camión, proyecto-constructora, prueba-deportista, etc.

Considérese la situación de asignar m trabajos (o trabajadores) a n maquinas. Un trabajo i (=1,2, …, m) cuando se asigna a la maquina j (=1,2, …, n) incurre en un costo c_{ij}. El objetivo es el de asignar los trabajos a las maquinas (un trabajo por maquina) al menor costo total. La situación se conoce como problemas de asignación.

El **método húngaro** de asignación brinda un medio eficiente para encontrar la solución óptima sin tener que hacer una comparación directa de todas las opciones. Funciona sobre el principio de **reducción de matrices**, que significa que restando y sumando los números adecuados en la tabla o matriz de costos, podemos reducir el problema a una matriz de **costos de oportunidad**. Los costos de oportunidad muestran la penalización relativa asociada con asignar a *cualquier* persona a un proyecto, en comparación con hacer la *mejor* asignación o la de menor costo. Nos gustaría hacer asignaciones cuyo costo de oportunidad para cada asignación sea cero. El método húngaro indica cuándo es posible hacer tales asignaciones. (Render, 2012)

La siguiente tabla muestra una representación general del modelo de asignación.

		Destino				Oferta
		1	2		n	
Origen	1	C_{11} x_{11}	C_{12} x_{12}	…	C_{n1} x_{n1}	1
	2	C_{21} x_{21}	C_{22} x_{22}	…	C_{2n} x_{2n}	1
		⋮	⋮	⋱	⋮	⋮
	m	C_{m1} x_{m1}	C_{m2} x_{m2}	…	C_{mn} x_{mn}	1
Demanda		1	1	…	1	

PROCEDIMIENTO MÉTODO HÚNGARO PARA MINIMIZAR

Teniendo nuestra Matriz con la información del problema, debemos procurar que dicha matriz este balanceada, es decir, que sea igual en reglones como en columnas, de lo contrario se debe agregar un reglón o columna, con todos los valores de ese reglón o columna en valor de cero (0), con la finalidad de que este balanceada la matriz. El procedimiento se basa en los siguientes pasos.

Paso 1. Para cada reglón se debe seleccionar el valor más pequeño, el cual se restará a sí mismo y al resto de todos los valores de ese reglón.

Paso 2. Con los valores de la nueva matriz del paso anterior, para cada columna se debe seleccionar el valor más pequeño, el cual se restará a sí mismo y al resto de todos los valores de esa columna.

Paso 3. Trazar el mínimo número de líneas horizontales o verticales (NO diagonales), con la finalidad de trazar (tachar) todos los ceros que estén en la matriz obtenida en paso 2.

Paso 4. *Criterio de optimidad*. A continuación, y en base a las líneas trazadas en el paso 3, vamos a contestar la siguiente pregunta:

¿El número de líneas trazadas es igual al orden de la matriz?

Nota: *El orden de la matriz se debe entender de la siguiente manera: Matriz de 2x2, 3x3, 4x4, ... mxn. (reglones x columnas).*

Si la respuesta es SI, se tiene una solución y se procede a realizar la asignación en base a los ceros de la matriz.

Ahora si la respuesta es NO se aplica el paso 5.

Paso 5. De todos los valores no trazados se debe escoger el valor más pequeño, el cual se restará a sí mismo y al resto de todos los valores no trazados; se sumará en donde existan intercepciones de líneas trazadas en el paso 3, y el resto de los valores trazados pasaran igual a la nueva matriz.

Paso 6. Se aplica de nueva cuenta el paso 3.

Veamos un ejemplo de minimizar.

El siguiente ejercicio se relaciona en asignar 4 máquinas para su operación a 4 trabajadores, con la finalidad de optimizar los costos asociados al trabajo.

MÁQUINA/TRABAJADOR	A	B	C	D
1	3	5	3	3
2	5	14	10	10
3	12	6	19	17
4	2	17	10	12

Aplicamos el primer paso, por cada reglón se debe seleccionar el menor valor para restarlo así mismo y al resto de los valores de ese reglón.

MÁQUINA/TRABAJADOR	A	B	C	D
1	③	5	3	3
2	⑤	14	10	10
3	12	⑥	19	17
4	②	17	10	12

Resultados.

MÁQUINA/TRABAJADOR	A	B	C	D
1	0	2	0	0
2	0	9	5	5
3	6	0	13	11
4	0	15	8	10

Aplicamos el paso 2 ahora con las columnas, seleccionando el menor valor para restarlo así mismo y al resto de los valores de esa columna.

MÁQUINA/TRABAJADOR	A	B	C	D
1	⓪	2	⓪	⓪
2	0	9	5	5
3	6	⓪	13	11
4	0	15	8	10

Como en todas las columnas son los valore menores ceros, pasaría la matriz igual.

Resultados.

MÁQUINA/TRABAJADOR	A	B	C	D
1	0	2	0	0
2	0	9	5	5
3	6	0	13	11
4	0	15	8	10

Se procede a aplicar el paso 3, el cual consiste en trazar el número mínimo de líneas para contestar la pregunta de optimidad (paso 4).

MÁQUINA/TRABAJADOR	A	B	C	D
1	0	2	0	0
2	0	9	5	5
3	6	0	13	11
4	0	15	8	10

Nota: *Sobre las líneas, no importa cómo se tracen, la idea es que se tracen todos los ceros existentes en la matriz.*

Aplicando el paso 4, vemos que el número de líneas NO es igual al orden de la matriz, ya que al ser una matriz de 4x4, deberá existir como mínimo 4 líneas trazando todos los ceros existentes en la matriz, y con 3 líneas podemos trazar todos los ceros, por lo que se aplica el paso 5.

Con la Matriz obtenida en el paso 3, vamos aplicar el paso 5, el cual nos indica que debemos seleccionar el valor más pequeño de los valores no trazados (⑤) , del cual se restará a sí mismo y al resto de todos los valores no trazados; se sumará en donde existan intercepciones de líneas trazadas (☐0 y ☐2) en el paso 3, y el resto de los valores trazados pasaran igual a la nueva matriz.

MÁQUINA/TRABAJADOR	A	B	C	D
1	[0]	[2]	0	0
2	0	9	(5)	5
3	6	0	13	11
4	0	15	8	10

Resultados.

MÁQUINA/TRABAJADOR	A	B	C	D
1	[2]	[7]	0	0
2	0	9	(0)	0
3	6	0	8	6
4	0	15	3	5

Se procede a aplicar el paso 3, el cual consiste en trazar el número mínimo de líneas para contestar la pregunta de optimidad (paso 4).

MÁQUINA/TRABAJADOR	A	B	C	D
1	2	7	0	0
2	0	9	0	0
3	6	0	8	6
4	0	15	3	5

Aplicando el paso 4, ahora vemos que el número de líneas SI es igual al orden de la matriz, la cual es una matriz óptima y procedemos a realizar las asignaciones en base a los ceros existente.

MÁQUINA/TRABAJADOR	A	B	C	D
1	2	7	0	0
2	0	9	0	0
3	6	0	8	6
4	0	15	3	5

Para la asignación se recomienda realizarla de reglones a columnas, y empezando con aquel reglón que tenga un solo cero como opción. Veamos. La máquina 3 debe ser asignada al trabajador B, por ser la única opción, de igual manera la maquina 4 al trabajador A.

MÁQUINA/TRABAJADOR	A	B	C	D
1	2	7	0	0
2	0	9	0	0
3	6	[0]	8	6
4	[0]	15	3	5

Para las maquinas 1 y 2, al tener ambas dos opciones (ceros), podemos apoyarnos en los datos iniciales y seleccionar las dos opciones con menor valor, las cuales son para la maquina 1 el trabajador C, y para la maquina 2 el trabajador D.

MÁQUINA/TRABAJADOR	A	B	C	D
1	2	7	[0]	0
2	0	9	0	[0]
3	6	[0]	8	6
4	[0]	15	3	5

Dando una asignación total de:

MÁQUINA	TRABAJADOR	COSTO
1	C	3
2	D	10
3	B	6
4	A	2
	TOTAL =	21

PROCEDIMIENTO MÉTODO HÚNGARO PARA MAXIMIZAR

Para un **problema de Maximizar**, ya que este balanceada la matriz, se deberá antes **seleccionar el valor MAYOR de toda la matriz,** al cual se le restará todos los demás valores, para así obtener valores nuevos y poder aplicar los pasos (minimizar) del método húngaro antes visto.

ANEXO. EJERCICIOS DE TRANSPORTE Y ASIGNACIÓN

TRANSPORTE

1. Una compañía de renta de automóviles tiene problemas de distribución, debido a que los acuerdos de renta permiten que los automóviles se entreguen en lugares diferentes a aquellos en que originalmente fueron rentados. Por el momento hay dos lugares (fuentes) con 15, 10 y 16 autos en exceso, respectivamente, y cuatro lugares (destinos) en los que se requieren 9, 6, 10, 7 y 9 autos respectivamente. Los costos unitarios de trasporte entre los lugares son los siguientes:

	DESTINO 1	DESTINO 2	DESTINO 3	DESTINO 4
ORIGEN 1	$4500	$1700	$2100	$3000
ORIGEN 2	$1400	$1800	$1900	$3100
ORIGEN 3	$1800	$2500	$2600	$2900

Encuentre la solución óptima por el método de transporte.

2. Una fábrica de artículos para el hogar tiene en existencia, en una de sus fábricas, 1200 cajas en su primer almacén y otras 1000 cajas en su segundo almacén. El fabricante tiene órdenes para estos productos por parte de tres diferentes vendedores, en cantidades de 1000, 700 y 500 cajas respectivas. Los costos unitarios de envió (por caja) de los almacene a los vendedores son los siguientes:

	Vendedor 1	Vendedor 2	Vendedor 3
Almacén 1	$14	$15	$11
Almacén 2	$12	$13	$10

Encuentre la solución óptima por el método de trasporte.

3. Existen dos presas al noroeste del país que comparten los estados de Nuevo León y Tamaulipas (*El Cuchillo y Cerro Prieto*) que suministran agua a tres ciudades (*Monterrey, Cd. Victoria y Tampico*). Cada presa pueda suministrar hasta 50 millones de litros de agua por día. Cada ciudad quisiera recibir 40 millones de litros de agua al día. De acuerdo a los convenios establecidos con la CONAGUA por cada millón de litros de demanda diaria no cumplida hay una multa. En la

Monterrey la multa es de $20000 pesos; en la Cd. Victoria, la multa es de $22000 pesos: y en la Tampico, la multa es de $23000 pesos.

En la tabla se muestra los costos para enviar 1 millón de galones de agua desde cada presa hasta la ciudad.

	Monterrey	Cd. Victoria	Tampico
Presa El Cuchillo	$700	$800	$1000
Presa Cerro Prieto	$900	$700	$800

Encuentre la solución óptima utilizando el método de transporte para minimizar la suma de los costos de escasez de agua y de trasporte.

4. ASITSA cuenta con tres plantas de generación de energía eléctrica que suministran la energía requerida a cuatro ciudades. Cada planta puede suministrar las siguientes cantidades de kilowatt – hora (Kwh) de energía eléctrica: la planta 1.35 millones; la planta 2,50 millones; la planta 3,40 millones. Las demás máximas de energía en estas ciudades, que se representan al mismo momento (14:00 horas), son las siguientes (en Kwh): en la ciudad 1,45 millones; la ciudad 2,20 millones, la ciudad 3,30 millones, la ciudad 4,30 millones.

Los costos para mandar 1 millón de Kwh de energía de una planta a una ciudad depende de la distancia que la energía tiene que viajar (tabla).

	Cantidad 1	Cantidad 2	Cantidad 3	Cantidad 4
Planta 1	$80	$60	$100	$90
Planta 2	$90	$120	$130	$70
Planta 3	$140	$90	$160	$50

Utilizando el método de trasporte, encuentre la solución óptima que satisfaga la demanda de energía de cada ciudad a un costo mínimo.

5. Cierta empresa de semiconductores produce un módulo específico de estado sólido, el cual se suministrará a cuatro diferentes fabricantes de computadoras automotrices. El modulo puede producirse en cualquiera de las tres plantas de la empresa, aunque los costos varían a la diferente eficacia de producción de cada una. Específicamente cuesta \$1100 producir un módulo en la planta A, \$950 en la planta B y \$1030 en la planta C. Las capacidades mensuales de la producción de las plantas son 7500, 10000 y 8100 módulos, respectivamente. Las estimaciones de venta presiden una demanda mensual de 4200, 8300, 6300 y 2700 módulos, para los fabricantes de computadoras auto I, II, III y IV, respectivamente.

Si los costos de envió para embarcar un módulo de una de las fabricas a un fabricante se muestran a continuación.

	I	II	III	IV
A	\$110	\$130	\$90	\$190
B	\$120	\$160	\$100	\$140
C	\$140	\$130	\$120	\$150

Encuéntrese un programa de producción que cubra todas las necesidades a un costo mínimo total, mediante el método de trasporte. Considere el costo de trasporte igual al costo de producción más el costo de embarque.

6. Una aerolínea comercial puede comprar su combustible para sus aviones a cualquiera de tres proveedores.

Las necesidades de la aerolínea para el próximo mes, en cada uno de los tres aeropuertos a los que da servicio, son 100,000 litros en el aeropuerto 1; 18,000 litros en el aeropuerto 2; y 35,000 litros en el aeropuerto 3.

Cada proveedor puede suministrar combustible a cada aeropuerto a los precios (por litro) que se dan en el siguiente cuadro.

	AEROPUERTO 1	AEROPUERTO 2	AEROPUERTO 3
PROVEEDOR 1	24	23	23
PROVEEDOR 2	19	21	22
PROVEEDOR 3	25	20	20

Cada proveedor, sin embargo, tiene limitaciones en cuanto al número total de litros que puede proporcionar durante un mes dado. Estas capacidades son 320000 litros para el proveedor1; 270000 litros para el proveedor 2; y 190000 litros para el proveedor 3; determínese una política de compras que cubra los requisitos de la aerolínea comercial en cada aeropuerto, a un costo total mínimo. Utilice el método de trasporte.

7. Una compañía automotriz tiene fábricas de ensamble en Puebla, en Querétaro y en Saltillo; y centro de distribución en Guadalajara y en Ciudad de México. Las unidades de producción son automóviles. La capacidad de producción de las fabricas es: Puebla 1000 automóviles; Querétaro 1500 automóviles, y Coahuila 1200 automóviles.

La demanda de los centros de distribución en Guadalajara es de 2300 autos, y en ña Ciudad de México 1400 automóviles. El costo unitario de trasportar un automóvil por ferrocarril es de $80 pesos por kilómetro. La distancia (kilómetros) entre fábricas y centros de distribución se muestra en la siguiente tabla:

	Guadalajara	Ciudad de México
Puebla	665	130
Querétaro	380	220
Saltillo	725	845

Utilice el método de trasporte para encontrar la solución mínima en costo de trasportación.

ASIGNACIÓN

1. Cierta empresa eléctrica semanalmente tiene que realizar un mantenimiento preventivo a tres plantas. El tiempo que demanda el mantenimiento de cada central no puede durar más de un día. La compañía eléctrica trabaja con tres empresas auxiliares de servicios a las que debe asignar el mantenimiento, que dependiendo de su grado de especialización varía el coste de revisión de las plantas. El costo en miles de pesos se refleja en la tabla adjunta.

	PLANTA 1	PLANTA 2	PLANTA 3
EMPRESA A	$11	$9	$10
EMPRESA B	$8	$7	$6
EMPRESA C	$9	$8	$7

¿Cuál debe ser la asignación de la empresa auxiliar para que el coso sea el mínimo?

2. Una compañía de transportes tiene cuatro modelos diferentes de camiones, y dependiendo de la pericia del conductor para manejar los cambios de la caja de velocidades, el camión consume más o menos combustible. En la actualidad la compañía cuenta con cuatro conductores. Los costos en pesos por uso adicional de combustible figura en la tabla adjunta.

	Camión 1	Camión 2	Camión 3	Camión 4
Conductor A	170	190	180	130
Conductor B	140	160	200	160
Conductor C	150	170	160	140
Conductor D	200	150	180	150

Encontrar la asignación que minimice los costos de combustible adicional.

3. En el área de Recursos Humanos de la empresa Promotora *eLigth* habrá tres vacantes para ocupar durante los próximos seis meses: promoción, ventas y relaciones públicas, de los cuales se presentaron cuatro candidatos seleccionados para ocupar estos puestos, dependiendo el salario que pretenden cada uno del puesto que se obtenga. En la tabla adjunta se facilita esta información de lo que piden de sueldo mensual (en pesos) de acuerdo al puesto que podría ser contratados.

	Candidato 1	*Candidato 2*	*Candidato 3*	*Candidato 4*
Promoción	$18000	$17500	$16000	$17000
Ventas	$12500	$16000	$18000	$13000
Relaciones Públicas	$20000	$19500	$21500	$22000

Se pide el costo mínimo de asignación de los candidatos.

4. Una compañía agricultora "Semillas INNOVATec" dispone de cuatro predios disponibles para comercializar su producto. Los predios, dependiendo de su ubicación, tienen condiciones particulares de rendimiento. Tres equipos de la compañía se tienen que hacer cargo del proceso, teniendo que hacerse cargo de dos terrenos un equipo. Un ingeniero agrónomo de la compañía, disponiendo de la capacidad de cosecha (en cientos de sacos de semilla) de cada uno de los equipos

tiene que realizar la asignación para maximizar el rendimiento. La información disponible de capacidad de cosecha se refleja en la tabla adjunta:

	Predio 1	Predio 2	Predio 3	Predio 4
Equipo 1	12	8	10	11
Equipo 2	11	12	13	6
Equipo 3	14	10	9	8

¿Cómo se haría la asignación de los equipos para obtener el máximo rendimiento?

BIBLIOGRAFÍA

Anderson, D. R. (2011). *Métodos cuantitativos para los negocios.* México: CENGAGE Learning.

Lieberman, H. (2021). *Introduction to Operations Research.* USA: McGraw-Hill.

Render, B. (2012). *Métodos cuantativos para los negocios.* México: PEARSON.

Taha, H. A. (2012). *Investigación de operaciones.* México: PEARSON.

yes
I want morebooks!

Buy your books fast and straightforward online - at one of world's fastest growing online book stores! Environmentally sound due to Print-on-Demand technologies.

Buy your books online at
www.morebooks.shop

¡Compre sus libros rápido y directo en internet, en una de las librerías en línea con mayor crecimiento en el mundo! Producción que protege el medio ambiente a través de las tecnologías de impresión bajo demanda.

Compre sus libros online en
www.morebooks.shop